SITZUNGSBERICHTE DER SÄCHSISCHEN AKADEMIE
DER WISSENSCHAFTEN ZU LEIPZIG

Mathematisch-naturwissenschaftliche Klasse
Band 112 · Heft 3

HERBERT JORDAN

KURORTTHERAPIE: PRINZIP UND PROBLEME

AKADEMIE-VERLAG · BERLIN
1976

SITZUNGSBERICHTE DER SÄCHSISCHEN AKADEMIE
DER WISSENSCHAFTEN ZU LEIPZIG

Mathematisch-naturwissenschaftliche Klasse
Band 112 · Heft 3

HERBERT JORDAN

KURORTTHERAPIE: PRINZIP UND PROBLEME

Mit 10 Abbildungen

AKADEMIE-VERLAG · BERLIN

1976

Vorgetragen in der Sitzung vom 17. Oktober 1975
Manuskript eingereicht am 23. Januar 1976
Druckfertig erklärt am 30. September 1976

Erschienen im Akademie-Verlag, 108 Berlin, Leipziger Straße 3–4

Lizenznummer: 202 · 100/552/76
P 153/76
Gesamtherstellung: VEB Druckhaus „Maxim Gorki", 74 Altenburg
Bestellnummer: 762 398 5 (2027/112/3) · LSV 2075
Printed in GDR
DDR 4,50 M

I

Auf die knappeste Formel gebracht kann unter „Kurorttherapie“ die Durchführung einer mehrwöchigen komplexen Reizserientherapie am Kranken im veränderten Milieu verstanden werden (JORDAN [18]).

„Komplex“ ist diese Therapie sowohl im Hinblick auf die im jeweiligen Behandlungsregime integrierten verschiedenartigen therapeutischen Methoden und ihres zeitlichen Einsatzes als auch auf die mit ihnen erreichbaren Angriffsebenen im kranken Organismus.

Von „Reizserie“ sprechen wir, weil sich hierbei Behandlungsreiz und Behandlungspause über einen mittelfristigen Zeitraum planmäßig abwechseln, womit sich ein funktionell-rhythmologischer adaptiver Effekt verbindet.

Das „veränderte Milieu“ wird einmal durch den psychisch und physisch neuen Lebens- und Erlebensraum, in welchem sich die ärztliche Behandlung vollzieht, zum anderen sicherlich auch durch die andersartige gesamttherapeutische Praktik repräsentiert. In diesem Sinne verkörpert die Kurorttherapie das Maximum an ärztlicher Nutzung der Umweltfaktoren überhaupt. Ich möchte dies — in Anlehnung und zugleich gewisser Erweiterung der Definitionen von ROTHSCHUH [32] — als den hygiogenetischen bzw. hygiokinetischen Aspekt der Beziehung Mensch-Umwelt bezeichnen und damit als das genaue Gegenstück zu deren pathogenetischen oder pathokinetischen Stigmata ansprechen. Und hierin drückt sich zugleich am deutlichsten die Motivation für meinen Vortrag in diesem Kreise aus.

Unter „Umwelt“ verstehen wir in diesem Bezug die Landschaft, das Bioklima, das im Kurort gegebene Milieu einschließlich der veränderten soziologischen Situation — „Entheimungs- und Neubeheimungsproblem“ (SCHULTZ [36]), Entfunktionalisierung, Einbindung in eine „therapeutische Gemeinschaft“ — sowie die Zeitgeberfunktion der gelenkten tagesrhythmischen Ordnung, in die der Kranke gerät, eine Zeitordnung im Sinne der Rückführung auf die natürliche Biorhythmik, auf das „arrangement vital“ im Sinne Claude BERNARDS: als Versuch, die rhythmologische Dissoziation, der in unserer Zeit Krankheitswert zukommt („Entordnungskrankheiten“ KÖTSCHAUS [25]), wieder zu beheben. Dieser bewußt gesteuerte kurzfristige konnektive und informative Zusammenhang des Kranken mit der Umwelt in dem Bestreben, eine Erhöhung des Ordnungsgrades im System des menschlichen Organismus, gewissermaßen eine Erhöhung seiner Negentropie zu erreichen, ist — vom Standpunkt der Verhaltensforschung aus gesehen — als eine logische und planmäßige Nutzbarmachung eines natürlichen Beziehungsgefüges zu bezeichnen.

Dabei ist die Konstellation dieser „Umwelt" keine Konstante, sondern hat den Charakter einer mehr oder minder effektvollen Variablen, die dem Kranken laufend adäquate konditionelle Einstellungen abfordert. Vor einer derartigen dynamischen Kulisse spielt sich nun das Therapiegeschehen ab, welches VON NEERGARD so treffend als „Reaktionstherapie" bezeichnete [29]. Diese Bezeichnung gilt für das Gesamtgebiet der Physiotherapie (in das die Kurorttherapie didaktisch einzuordnen ist); sie spricht die Zielstellung dieser Behandlungsweise am besten an, indem sie unter „Reaktion" eine globale Leistung des menschlichen Organismus versteht, die es mit Mitteln der ärztlichen Kunst zu entwickeln gilt und die in gewissem Sinne dem „linear-kausalen" pharmakologischen Therapieeffekt — in voller Anerkennung der Vorbehalte, die dieser Unterscheidung eingeräumt werden müssen — gegenübergestellt werden kann.

Zum Behandlungsregime im Kurort treten sodann noch vordergründig, aber keineswegs ausschließlich, weitere Umweltfaktoren, die sogenannten Heilwässer und die Peloide, neben das Bioklima. Diese „natürlichen Heilmittel" oder — wie sie in der Sowjetunion noch präziser bezeichnet werden — „natürlich präformierten (Heil-)Faktoren" sind durch den Wissenschaftler und den Gesetzgeber anerkannte und geschützte Heilmittel, die für die DDR im einzelnen in der kurz so genannten „Kurortverordnung" [39] definiert werden. Zu ihnen gehören auch noch Gase, die entweder als Exhalationen oder in Mineralwässern gelöst austreten, vorzugsweise CO_2 und H_2S sowie das Edelgas Radon. Ein weiteres Element ist die Landschaft als physisch und psychisch nutzbarer Komplex (JORDAN [15, 16]) — d. h. als Bewegungsraum für die aktive bzw. aktivierende Therapie, der zugleich einen bestimmten Erlebniswert repräsentiert — wir sprechen vom geopsychischen Gesamtaspekt, eine Definition von HELLPACH [9] — und als ein der Distanzierungstendenz des Kurgastes entgegenkommender Rückzugs- und Isolierungsraum. Die Begriffe „Kur"- oder „Erholungslandschaft" sind definierbar — wenngleich es keine „Erholungslandschaft" schlechthin, sondern nur Landschaften mit unterschiedlichem Erholungswert gibt (JORDAN [15]) — meist bedarf es zusätzlicher landschaftsgestalterischer Eingriffe, ehe einer natürlichen Landschaft eine diesbezügliche Funktionscharakteristik zugestanden werden kann.

Eine Reihe von physiotherapeutischen Behandlungsmaßnahmen — vorzugsweise Bewegungs- und Massagetherapie, Hydrotherapie, Elektrotherapie und Inhalationstherapie — komplettiert die Behandlung. Dabei wird angestrebt, dem Patienten im Sinne einer „Subsistenztherapie" (ein Begriff von SCHENCK [33]) selbst ausübbare Verfahren und gesundheitsfördernde Verhaltensweise anzulernen, um damit auch über die Kurzeit hinaus wirksam zu werden und einen möglichst langen „Hafteffekt" der Kurorttherapie zu erreichen [18].

Zu einer derartigen „Komplextherapie" gehört selbstverständlich auch die Pharmakotherapie, die in noch gar nicht so sehr lange zurückliegenden Zeiten apodiktisch aus dem Kurort verbannt war. Heute kommt kaum ein Patient in den Kurort, der nicht unter der Einwirkung irgendwelcher Medikamente steht — die präzise Abklärung des Stellenwertes der Physiotherapie und der Pharmakotherapie im jeweiligen Heilplan ist eines der wichtigsten Forschungsprobleme geworden. Wir haben in früheren Untersuchungen erweisen können, daß sich derartige Interaktionen zwischen einer medikamentösen Behandlung und den verschiedensten Phasen einer Reaktionstherapie gut erfassen lassen [12], worauf noch einzugehen sein wird.

Nach dem bisher Dargelegten ist der Einwand naheliegend, im Kurort werde eine unkontrollierbare Polypragmasie nach dem Motto „für jeden etwas" betrieben, die es unmöglich mache, ein bestimmtes Therapieergebnis und damit eine bestimmte Indikationsabgrenzung zu objektivieren. Schon vom methodischen Standpunkt einer vergleichenden Therapieforschung her ist auf die Schwierigkeit oder auch Unmöglichkeit der Planung und Durchführung echter randomisierter, blinder oder doppelblinder Therapieversuche im Kurort hinzuweisen — das multifaktorielle Gefüge des kurorttherapeutischen Gesamtregimes widersetzt sich diesbezüglichen exakten Forderungen sehr augenfällig. Und tatsächlich ist es ein durchaus reales, zugleich aber auch wissenschaftlich sehr interessantes Problem, warum in einem bestimmten Kurort recht verschiedenartige Krankheitsbilder mit gleich gutem Erfolg behandelt werden können und — vice versa — die gleiche Krankheit in unterschiedlichsten Kurorten: — nach HEUBNER eines der „wahrhaft medizinischen" Probleme (zitiert nach [35]).

Dazu ist dreierlei zu sagen:

Eine derartige skeptische Einstellung wäre der Zeit angemessen, in der eine, wie sie sich nannte, „Naturheilkunde" die wissenschaftlich-klinische Diagnose einer Krankheit gegen die viel höher eingeschätzte „Bedeutungsdiagnose" [8] ausgetauscht wissen wollte. Ich erinnere in diesem Zusammenhang an die berühmten Streitgespräche zwischen Schulmedizin und Naturheilkunde von GROTE und BRAUCHLE [8] und an die „Wege zum Verständnis der Naturheilkunde“ GROTES [7]. Heute ist eine präzise, nach klinischen oder funktionellen Leistungsstadien differenzierte Krankheitsdefinition selbstverständlich die Grundlage auch jeder Kurorttherapie. Sie muß zudem durch eine möglichst zutreffende „Reaktionsdiagnose“ ergänzt werden, die sich aus einer hinlänglichen Erfahrung in der Beobachtung des Kranken, namentlich seiner Wärme- und Kältetoleranz, seiner Kreislaufdynamik und Vasomotorenregulation und der Grundfunktionen von Atmung, Stoffwechsel Leistungsfähigkeit und Schlaf, d. h. der funktionellen und rhythmologischen Koordinierung koaktiver Verbundleistungen des Organismus, ableiten läßt. Hierauf baut sich der komplexe Therapieplan auf, der dann keine Polypragmasie, sondern eine sehr gezielte und differenzierte Regimegestaltung darstellt.

Zweitens ist — um nochmals an die schon zitierte Definition VON NEERGARDS anzuknüpfen — die Reaktion des Kranken das Entscheidende. Aus ihr leitet sich die Nötigung ab, die Therapie sehr individuell zu dosieren und zu dirigieren, wobei die Tagesrhythmik und die individuelle Reaktionsgüte des Kranken die Hauptrolle spielen. Bei weitem nicht immer können hierzu funktionsdiagnostische Tests herangezogen werden — die Kenntnis des Kranken und seine Führung (nicht nur durch den Arzt, sondern auch durch das mittlere medizinische Personal!) sind zumeist die entscheidenden Hilfen. In dieser Kunst waren gerade die älteren Kurortärzte erstaunlich versiert und auch dann noch zu gewissen Erfolgen befähigt, wenn die zugrunde liegende Krankheit nur unvollständig oder gar nicht erkannt war. Trinkkuren z. B. verlangen eine sehr sorgfältige derartige Reaktionskontrolle: So kann, um ein Beispiel zu nennen, die gleiche alkalische Trinkquelle die Hyperacidität des Magens kompensieren oder noch provokativ steigern. Dies kann kurzzeitig nacheinander und in wechselnder Abhängigkeit von den Mahlzeiten u. ä. m. geschehen — die Kenntnis des „acid rebound“-Effektes nach Alkaligaben ist sehr entscheidend für die erfolgreiche Kur. Derartige Prozesse sind uns ja eigentlich erst durch das kybernetische Denkkonzept auch in der Medizin voll verständlich geworden. Sie tragen sehr zur Erklärung unerwarteter Erfolge oder Mißerfolge der Kurorttherapie bei.

Das Dritte ist der vorwiegend unspezifisch stimulierende Effekt, der den natürlichen bzw. physikalischen Therapiefaktoren zuzuschreiben ist. Wenn man sich auch im Zeitalter der Molekularbiologie scheuen mag, „spezifische“ von „unspezifischen“ Reaktionen prinzipiell trennen zu sollen, so mag diese Unterscheidung als didaktisches Provisorium noch gelten dürfen, um das Unterschiedliche zu kennzeichnen, das zwischen einer Anregung von Kreislauf, Atmung und Psyche durch eine Bewegungs- oder Hydrotherapie und etwa der spasmolytischen Wirkung eines Pharmakons besteht. Die Physiotherapie, als deren komplexer Prototyp die Kurorttherapie angesprochen werden darf, muß, so kann man es etwas simplifiziert ausdrücken, sich um alles das beim Kranken bemühen, was nicht im Einflußbereich der Pharmakotherapie liegen kann; das bedeutet, eine möglichst gute Leistung der wichtigsten Körperfunktionen zu erreichen, um die Hygiogenese rascher zu befördern. Damit werden Behandlungserfolge auf primär weniger durchschaubaren indirekten Wegen erzielt.

Hierzu ist nun die Form der Reizserientherapie, z. B. mit Temperatur-, Strahlungs-, elektrischen oder mechanischen Reizen, besonders geeignet. Sie zwingt den Organismus zu adaptiven Leistungen, wobei, solange dies in vernünftigen Grenzen geschieht, der jeweils erreichte Adaptationsgrad eine Begünstigung der reaktiven Leistungsfähigkeit bedeutet. Wir wissen heute, daß Streßfreiheit schädlich ist und daß dem Streß solange positive Qualitäten zuzuschreiben sind, als er in bestimmten und bestimmbaren Grenzen gehalten oder beispielsweise durch ein wohlabgestimmtes System von Entlastung und Belastung — einem Handlungsprinzip der Physiotherapie (Jordan [14]) — unter Kontrolle gebracht werden kann. Das Problem ist hierbei, derartige therapeutische Streßquantitäten ausfindig zu machen, die ihnen zugehörigen Adaptate zu definieren und sie dem jeweiligen Adaptationsgrad zielstrebig anzupassen. Entlastende Prozesse, wie psychische Abschirmung und Entspannung, die biorhythmische Eukymatie, Abbau der Luxuskonsumtion, der Genußmittel und der entbehrlichen Medikamente, gegebenenfalls Fasten, Laxieren, müssen unter Umständen voraufgehen.

So deuten beispielsweise erste eigene Untersuchungsergebnisse darauf hin, daß bestimmte Moorbäderbehandlungen, deren jeweiliger „Streßwert" an der täglichen Ausscheidung der Vanillinmandelsäure (als Parameter des Adrenalin- bzw. Noradrenalinstoffwechsels) ablesbar wird, oberhalb gewisser Grenzen den Bindegewebsstoffwechsel von Kranken mit chronisch entzündlichen rheumatischen Gelenkerkrankungen ungünstig beeinflussen. Es erscheint möglich, durch Verlaufskontrollen dieser Art einen Maßstab für eine abgestufte Moorbädertherapie zu gewinnen.

Bajusz hat der Kurorttherapie die Bezeichnung „Streßtherapie" beigelegt [1]; sie ist sicherlich von der Definition her anfechtbar. Bestimmte Beobachtungen aber lassen sich in diese Richtung deuten. So gelingt es beispielsweise erfahrungsgemäß, während einer Moorbädertherapie im Kurort bei rheumatoider Arthritis oder im Zuge der Klimatherapie des allergischen Ekzems die medikamentöse Behandlung mit Kortikoiden erheblich oder ganz einzusparen.

Jede Kurorttherapie ist durch eine bestimmte Abfolge reaktiver Phasen charakterisiert, deren wichtigste die von uns als „histiotrope Umstimmung" bezeichnete etwa im Übergang von der dritten zur vierten Behandlungswoche ist. Diese Umstimmung bedeutet offenbar das regulative Wiedereinschwingen des Organismus nach einer voraufgegangenen auslenkenden Stimulierung in der sogenannten Akklimatisationsphase. Sie wird auch als „cholinerg-trophotrope Endphase“ [30], als „Normalisierungseffekt“ [11] oder ganz allgemein als „Kureffekt“ [28] bezeichnet. Eine etwaige Medikamenten-

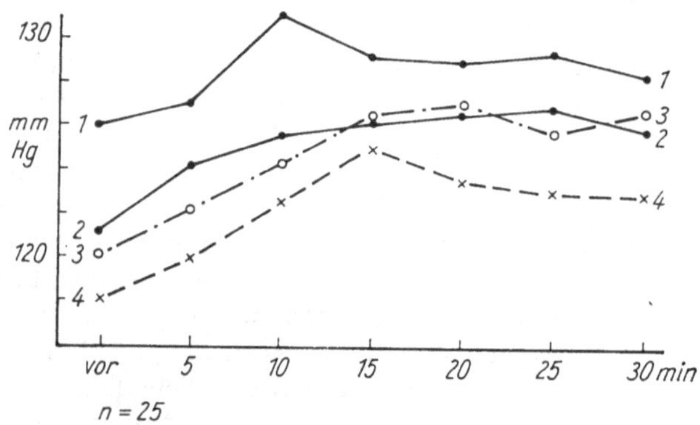

Abb. 1. Beeinflussung des Pholedrintestes im Kurverlauf. (25 Patienten, Verhalten des systolischen Blutdruckes über 30 Minuten in der 1., 2., 3. und 4. Kurwoche)

wirkung wird, wie schon angedeutet, durch diese Änderung der vegetativen Reaktionslage nachweislich moduliert, wobei Verstärker- und Tempoeffekte (= Verlangsamung oder Beschleunigung des Wirkungseintritts) beobachtbar sind. Dies hat seine Bedeutung für die Führung der medikamentösen Therapie ebenso wie für den Ausfall und die Bewertung von Funktionstests auf pharmakologischer Grundlage oder für den Einsatz etwa notwendiger medikamentöser Korrekturen unerwünscht starker Kurreaktionen (JORDAN [19]).

Die Abbildung 1 möge dies am Beispiel des Pholedrintests (Reaktion des systolischen Blutdruckes auf ein Sympathikomimetikum) beleuchten. Man erkennt deutlich die abgeschwächte Blutdruckreaktion (Mittelwerte) von der 1. zur 4. Kurbehandlungswoche.

Der Ausdruck „histiotrope“ oder „trophotrope“ Phase ist nicht ohne Absicht gewählt. Es läßt sich nämlich das vielgestaltige klinische Bild dieser Phase nicht etwa einfach in das bekannte „vegetative Bäderschema“ nach HOFF einordnen und entspricht keinesfalls einem „vagotonen“ Gesamt-

Endzustand des Organismus. So verteilten sich z. B. 28 Kurtodesfälle eigener Beobachtung (1955/56) wie folgt [19]:

Kurtage	1—10	11—25	26—35
Todesfälle	3	18	7

Der Charakter derartiger Reaktionen wird besonders gut sichtbar, wenn man die Änderung der kollektiven Streuung relevanter, reaktionstypischer Meßwerte von Tag zu Tag analysiert. Verfolgt man mit dieser in unserem Arbeitskreis von Wagner (Lit. s. bei Jordan [17]) inaugurierten Methode der „interdiurnen Streuungsänderung" die kollektivtypischen Verhaltensweisen, dann läßt sich in der histiotropen Umstimmungsphase eine konstante Verminderung der Streuungen ermitteln, während in den vorangegangenen Phasen, besonders der „Akklimatisationsphase", das Gegenteil der Fall ist. Zunahme der Streuung bedeutet aber eine gleichzeitige Zunahme von Plus- und Minusabweichungen und spiegelt damit eine kollektive Labilisierung in ambivalenter Richtung wider — das Gegenteil wird in einer Verminderung der Streuwerte dokumentiert.

Die Aussagekraft derartiger biometrischer Untersuchungen möge die Abbildung 2 unterstreichen, die die Streuungen der täglichen Änderungen des Körpergewichtes gegenüber der einfachen Mittelwertverlaufskurve unter einer gezielten Reduktionsdiät von 1200 Kcal über 32 Tage bei 38 Adipösen darstellt. Man sieht unschwer, daß zwischen 10. und 15. Tag bei völlig gleichmäßig absinkendem mittleren Körpergewicht eine erhebliche Streuungszunahme der Gewichtsänderungen einsetzt, später von kleineren Schwankungen ähnlicher Art gefolgt. Das bedeutet, daß in dieser kritischen Zeit ein nicht unerheblicher Teil der Patienten unter währender Reduktionskost keine Gewichtsabnahme oder sogar eine Gewichtszunahme erfährt. Eine derartige Verhaltensweise stellt sicherlich ein ganz allgemeines kollektivtypisches Reaktionskriterium dar. Ein ähnliches Registrierbeispiel zeigt z. B. die Abbildung 3, die die täglich gemessenen Streuungsänderungen der Puls- und Atemfrequenz während eines massiven Klimawechsels (Hochseeklimakur 1965 im November/Dezember über Rostock, die hochstürmische Biskaya in das Klimazielgebiet der Kanarischen Inseln [27]) wiedergibt.

Die beschriebene und eigentlich ausnahmslos beobachtete Verminderung der Streuung gegen Ende der Kurorttherapie ist ein wichtiges Glied in der Beweiskette gegen die Meinung, daß es sich bei den in der histiotropen Phase beobachtbaren Normalisierungsvorgängen um Zufallseffekte, etwa im Sinne des sogenannten „a:(a—b)-Effektes" nach von der Bijl [2] handle. Dieser Effekt tritt als „einer der 5 Fehlerquellen biologischer Statistik", d. h. als rein zufällig, immer dann auf, wenn Veränderungen von Meßwerten beurteilt

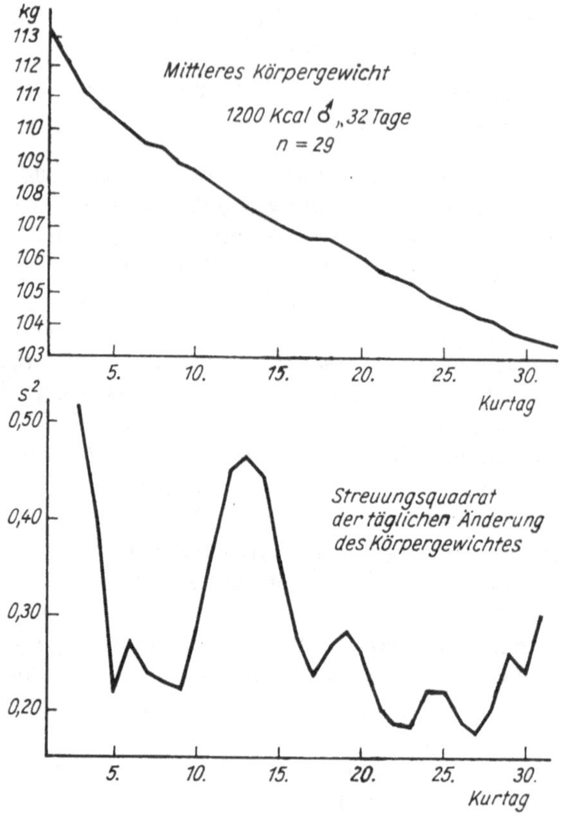

Abb. 2. Mittelwerte des Körpergewichtes von 29 männlichen Adipösen bei einer Reduktionsdiät von 1200 Kcal. über 32 Tage (oben) und die Streuung der täglichen Änderungen der Körpergewichte (unten)

werden sollen, die kreisverteilte, d. h. regulierte Körperfunktionen repräsentieren. Findet man für eine solche Körperfunktion zum Zeitpunkt a einen relativ hohen Meßwert, so wird dieser mit großer Wahrscheinlichkeit zum Zeitpunkt b nicht wieder gleichhoch, sondern niedriger befunden werden und umgekehrt. Die Korrelation a:(a—b) muß demnach einen praktisch immer relevanten Grad an Zufälligkeit besitzen; allerdings ist dann auch zum Zeitpunkt a bzw. b eine gleiche zufällige Streuung zu fordern. Dies aber ist, wie wir sahen, mit absoluter Regelmäßigkeit bei den unter der Kurorttherapie zu beobachtenden Veränderungen nicht der Fall. Die Abnahme der

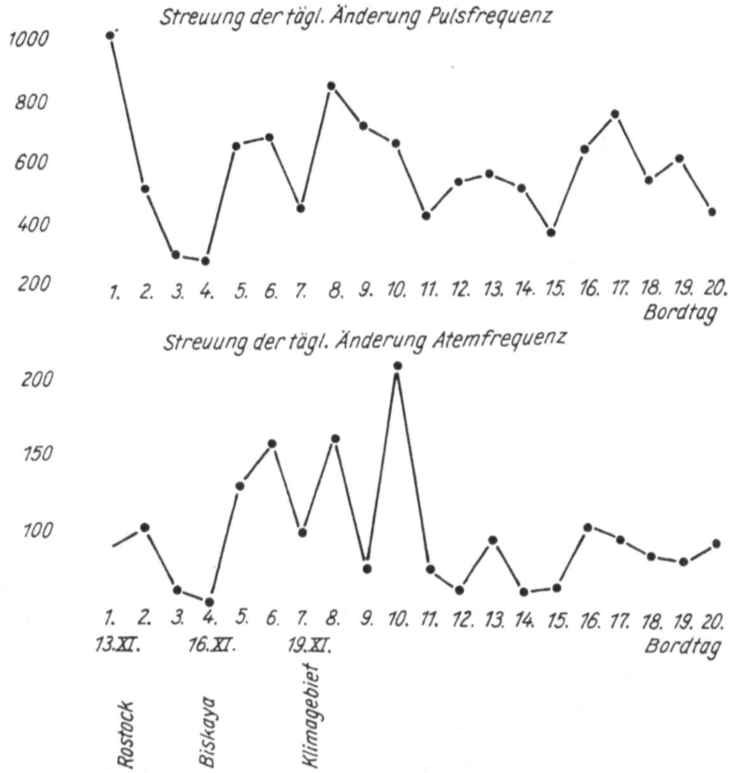

Abb. 3. Streuungen der täglichen Änderungen von Pulsfrequenz (oben) und Atemfrequenz (unten) während einer maximalen Klimaänderung im Verlauf der Hochseeklimakur 1965 (aus: LINSER und KLEINSORGE [27])

Streuung bedingt eine Drehung der Regressionsgeraden gegen die Regressionslinie bei angenommener Streuungsgleichheit, womit sich der aleatorische vom nichtaleatorischen Anteil trennen läßt.

Die „Ausgangswert-Endwertproblematik" [20] spielt bei allen Untersuchungen über therapeutische Effekte eine ausschlaggebende Rolle. Ihre Vernachlässigung führt zu Fehlschlüssen in der Bewertung. Daß „hohe Werte" abnehmen und „tiefe Werte" zunehmen, ist beispielsweise solange kein Beweis eines „Normalisierungseffektes", solange die Streuung der Meßwerte zu Beginn und zu Ende der Beobachtung nicht deutliche Unterschiede aufweist.

Die Kurreaktionen sind sehr wesentlich durch das Alter der Patienten mitbestimmt. „Die Wirksamkeit einer jeden Therapie steht in enger Beziehung zur Biomorphose“, formulierte MAX BÜRGER einmal [3] — jede Kurorttherapie besitzt dementsprechend auch eine spezielle geriatrische Problematik (JORDAN und WAGNER [21]). Ähnliche Differenzen in der Ausprägung der Kurreaktionen lassen Männer und Frauen erkennen. Eine Kureffekts- oder -erfolgsbeurteilung ohne Auftrennung nach diesen beiden Parametern Alter und Geschlecht muß von biometrischer Warte aus als unzulänglich bezeichnet werden. Derartige Grundforderungen werden in der vergleichenden Therapiebeurteilung nicht selten völlig außer acht gelassen.

Ein gleiches gilt für Krankheitsgruppen, Krankheitsstadien, Therapiegruppen und — das ist erst in jüngster Zeit genauer untersucht worden — für die Jahreszeit, in die eine Kurortbehandlung fällt.

Die Reaktion des Menschen auf die saisonalen Änderungen des Lichteinflusses und des Klimas einschließlich des Wetters ist sicherlich ein endogenes Geschehen, welches durch jahreszeitlich variable äußere Zeitgeber synchronisiert wird. Es könnte sein, daß dabei der jeweiligen Licht-Dunkel-Relation, d. h. praktisch der Tag- oder Nachtlänge, eine fundamentale Bedeutung zukommt. Dabei mag der Zeit zwischen Februar und August eine insgesamt stärker stimulierende, der anderen Jahreshälfte eher eine entgegengesetzte Reizcharakteristik zuzuschreiben sein. Aus Untersuchungen unseres Arbeitskreises in Heiligendamm ergibt sich z. B., daß sehr charakteristische Merkmale der Kurreaktion, wie etwa Schlafstörungen, ganz eng mit dem Auftreten von strahlungsreichen Tagen im Winter und strahlungsarmen im Sommer gekoppelt sind — praktisch also Situationen, die der sommer- bzw. winteradaptierte menschliche Organismus als ungewöhnlich empfinden muß [24].

Als Beispiel für derartige saisonale Einflüsse auf die Ergebnisse der Kurorttherapie sei der Zusammenhang zwischen Morbidität, Kurerfolgen und den sehr guten Kureffekten nach einer Klimakur beim endogenen Ekzem dargestellt. Abbildung 4 zeigt, daß das Maximum der sehr guten Kurbehandlungsresultate in den Monaten zu erwarten ist, die dem Frühjahrs-Morbiditätsmaximum dieser Erkrankung unmittelbar folgen (April bis Juni); eine entsprechende Korrelation fehlt jedoch zum Zeitpunkt des 2. Morbiditätsgipfels in den Monaten September/Oktober. Für die langfristigen „Kurerfolge“ fällt dagegen die Koinzidenz mit den beiden „Morbiditätsmaxima“ ins Auge [37].

Die in diesem Blickwinkel von KLINKER [22, 23] erarbeiteten Ergebnisse lassen sich zusammenfassend dahingehend interpretieren, daß mit großer Regelmäßigkeit — wenn auch nicht starr — eine 10fache Oberwelle der

Jahresrhythmik, d. h. eine 35-Tage-Rhythmik vorliegt, deren Einfluß auf Kurreaktionen und Kureffekte unbedingt diskutiert werden muß.

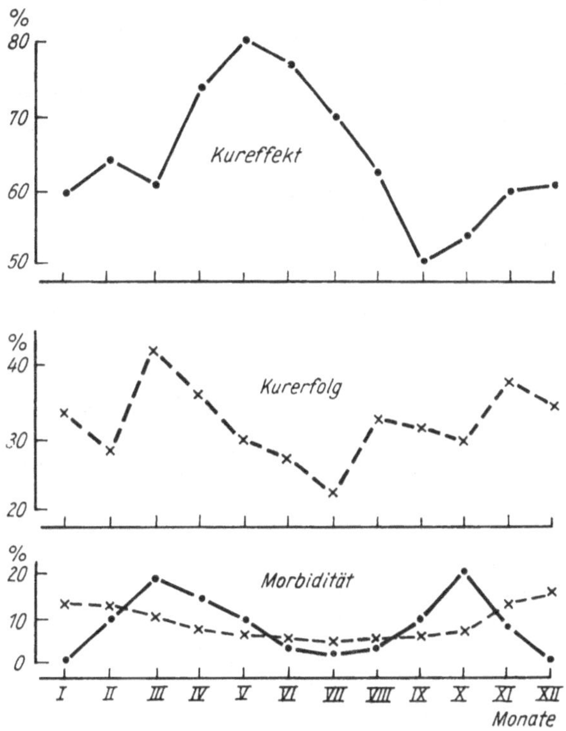

Abb. 4. Kureffekte (oben) und Kurerfolge (Mitte) von Klimakuren bei endogenem Ekzem in Heiligendamm sowie die saisonale Verteilung der Morbidität (unten) von insgesamt 1675 Kranken (aus: SEROWY und KLINKER [37])

Aus diesen Oberwellen lassen sich, wenn man beispielsweise tägliche Messungen bestimmter funktioneller Parameter vornimmt, kleinere Perioden abgliedern, die örtlich bedingte Phasendifferenzen aufweisen. So kann man beobachten, daß Personen, die etwa aus dem Süden unserer Republik an die Ostseeküste reisen, nach sehr kurzer Latenz aus der gewohnten in die jeweilige Ortsphasenlage einschwingen, wobei die rhythmische Grundfrequenz einer ungefähr 7tägigen Periodik beibehalten wird. Ein derartiger 7-Tage-Rhythmus, der sich typischerweise auch bei den sogenannten „Kurreaktionen“ (Eintrittsreaktion, Akklimatisationsreaktion, histiotrope Umstimmung, Kurendreaktion) [18] auffinden läßt, ist nicht als ein einfacher „Wochenrhythmus“ anzusprechen, wie er offensichtlich durch die stereotype Abfolge von Arbeits- und Ruhetagen der normalen Arbeitswoche ausgelöst werden kann. Dies läßt sich beim Vergleich der „Kurtage“ gegenüber den „Wochentagen“ leicht zeigen. Dennoch besteht eine solche endogene „Circaseptan-Rhythmik“ mit nachweislichen reaktiven Maxima und Minima. Bei den schon erwähnten Schlafstörungen konnten z. B. Phasenverschiebungen festgestellt werden, die einer 14tägigen (d. h. 2×7-Tage-Periodik) entsprechen.

Es läßt sich an diesen wenigen Beispielen, so hoffe ich, schon begründen, daß eine richtig durchgeführte Kurorttherapie stets ein Mehr an gesundheitsfördernden Effekten aufweisen muß als eine anderweitige ambulante oder gar stationäre Therapie. Und dies nicht deshalb, weil im Kurort polypragmatisch gearbeitet wird, sondern weil die Art der Inanspruchnahme der dortigen Heilmittel eine nicht unwesentliche Erweiterung des hygiogentischen Aktionsradius darstellt. Mit Recht kann deshalb die Kurorttherapie ihren definierten Platz in der medizinischen Rehabilitation beanspruchen.

Natürlich läßt sich auch die Krankenhaustherapie durch einen verstärkten Einsatz von physiotherapeutischer Behandlungsmethoden in ähnlicher Richtung verbessern — besonders dürfte dies für die Chirurgie und die Innere Klinik zutreffen. Jede Operation und jede erzwungene längere Bettruhe sind Belastungs- und Schädigungsmomente, gegen die der Organismus des Kranken widerstandsfähig gemacht und erhalten werden muß. Besonders in den angelsächsischen Ländern spielt deshalb die präoperative und postoperative Physiotherapie eine dominierende Rolle; bei uns beginnt sich dies eben erst anzubahnen.

Dieses „Mehr“ an Therapie ist nun auch untrennbar mit dem Prozeß der Erholung verbunden, die ihrerseits eben nicht allein über eine passive Abschirmung, sondern nachhaltig vor allem über einen aktiven Weg erreicht werden kann. Auch für die Erholung trifft das Prinzip der gelenkten „Entlastung und Belastung“ [14] zu, von dem schon die Rede war. Es gilt hierbei noch heute unverändert die Erkenntis SETSCHENOWS aus dem Jahre 1906 [38], daß der Erholungsvorgang über einen aktiven Weg schneller und nachhaltiger vollzogen werden kann als über einen passiven, daß also „sich-erholen“ heißt, „etwas anderes zu tun als das, was müde gemacht hat“ [4]. Der Grad der Erholungsbedürftigkeit bestimmt dabei die Intensität des Erholungsvorganges; in diesem Sinne bestehen wesentliche Unterschiede zwischen kurz-, mittel- und langfristiger Erholung, wie dies das in der Abbildung 5 wiedergegebene Schema zeigt.

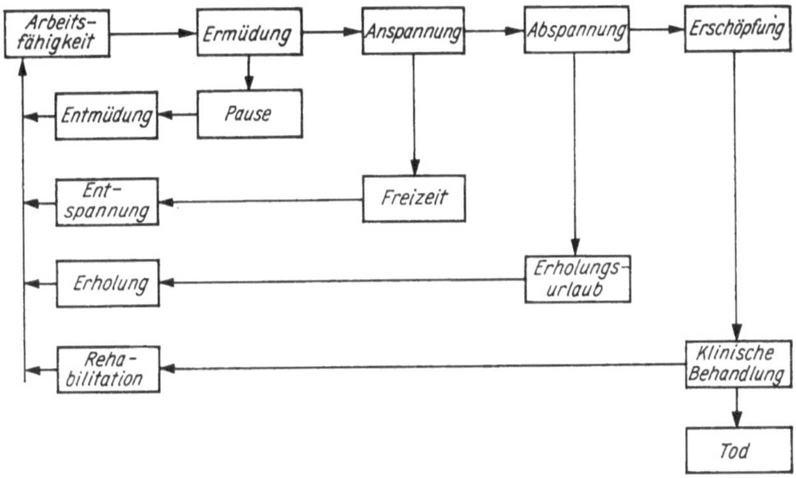

Abb. 5. Erholungsbedürftigkeit und Erholungsvorgang

II

Die praktische Realisierung einer solchen Kurorttherapie stößt nun auf mancherlei Schwierigkeiten und Probleme. Hierbei ist vordergründig der sachlich und zeitlich optimale Einsatz der Kurorttherapie im Rahmen des Gesamtheilplanes des Kranken, sowohl als Problem für den einweisenden Arzt als auch für die Organisation des Kurablaufes anzusprechen. Die Handlungsfreiheit wird hierbei entscheidend durch die Diskrepanz zwischen Kurenbedarf und Kurmöglichkeiten und das Erfordernis einer optimalen Kurbehandlungsdauer limitiert. Gegenwärtig können wir mit einer Kapazität von etwa 127 Kuren auf 10000 Einwohner rechnen. Über ein gezieltes rationalisiertes Einweisungssystem läßt sich eine gewisse Optimierung der Verhältnisse erreichen.

Wesentlich ist ferner die Forderung nach einem möglichst förderlichen Milieuwechsel während der Kur, womit unter anderem auch das Problem der territorialen Verteilung der Kuren angesprochen sei. Gewiß ist der Arzt in jedem Kurort in der Lage, eine Therapie nach bioklimatologischen Gesichtspunkten durch Modifizierung des Lokalklimas zu ermöglichen, aber größere Klimadifferenzen lassen sich künstlich nicht herausarbeiten; sie sind allerdings auch durchaus nicht immer erforderlich. Die historisch entstandenen Kurorte stellen von ihrer örtlichen Lage her reale Gegebenheiten dar, was u. a. auch dazu führt, daß die einzelnen Bezirke der Republik unterschiedliche Kurenlasten tragen, ein Gesichtspunkt, der gewisse ökonomische Berechtigung hat. Dies zeigt die Abbildung 6.

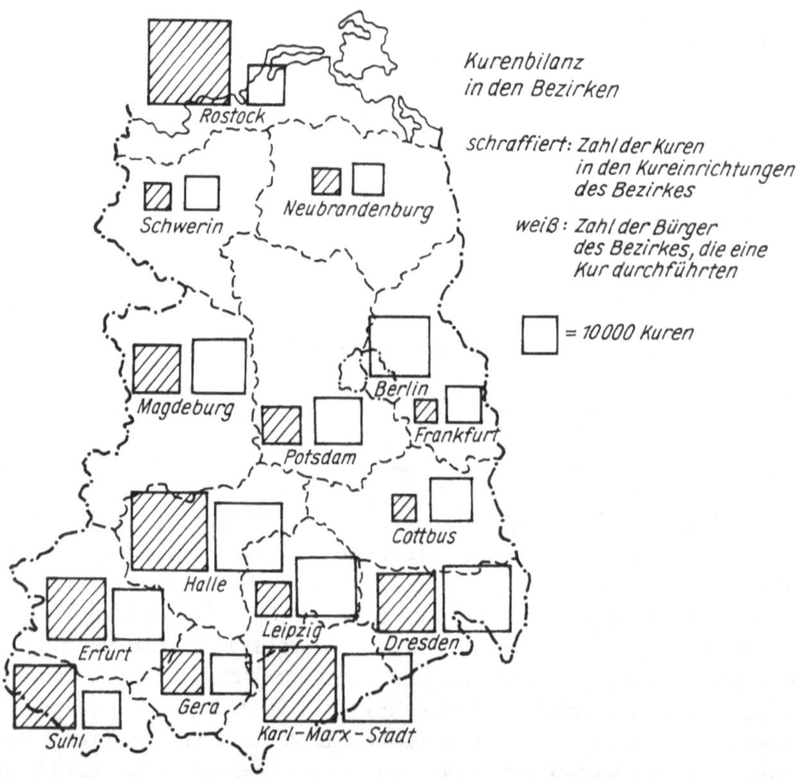

Abb. 6. Kurenbilanz der Bezirke der DDR (EDV 1974). Schraffiert: Zahl der Kuren in den Kureinrichtungen des Bezirkes, weiß: Zahl der Bürger des Bezirkes, die eine Kur durchführen

Je nach dem Vorhandensein der natürlichen Heilmittel, der medizinischen Fachkader und der Gesamtausrüstung bietet jede Kureinrichtung ein bestimmtes Indikationsprofil, dessen fachlicher Zuschnitt und dessen Teilkapazität mit den sozialmedizinischen Gesamterfordernissen bestmöglich in Einklang gebracht werden muß. Unsere Kureinrichtungen besitzen derzeit einen Profilierungsgrad von etwa 80%, d. h., daß 80% der zu einer Kur eingewiesenen Kranken auch tatsächlich der jeweiligen Hauptindikation der Einrichtung voll entsprechen. Gewiß läßt die relativ breit variierbare Komplextherapie im Prinzip eine Ausweitung der Indikationspalette zu. Es ist aber aus Rationalisierungsgründen richtiger, die Indikationsebenen nicht zu verbreitern. Vielmehr muß z. B. die Forderung abgesichert werden, daß im gleichen Indikationsprofil Kuren für Kinder, für geriatrische Kranke, für Blinde, Körpergeschädigte, Diabetiker, d. h. für Kurpatienten mit besonderen Ansprüchen an die Betreuung, ermöglicht werden, falls sie bei diesen Personen notwendig werden. Dieser Intensivierungsprozeß besitzt gegenüber einer extensiven Erweiterung unbedingt den Vorrang.

Bestimmte Kurorttherapiemöglichkeiten, wie z. B. die Hochgebirgsklimatherapie, sind in der DDR nicht gegeben; hier setzt eine (natürlicherweise begrenzte) Kooperation mit denjenigen sozialistischen Ländern ein, die über solche Gegebenheiten verfügen. Die Zahl der in diesem Sinne erforderlichen und ökonomisch durchführbaren Auslandskuren beläuft sich gegenwärtig auf etwa 4,1% für Erwachsene und 7,2% für Kinder (EDV des Kur- und Bäderwesens der DDR 1974).

Im Gegensatz zu früheren Zeiten ist das Vorhandensein natürlicher Heilmittel nicht mehr die condition sine qua non, sondern nur ein besonders günstiger Umstand für die Planung und Entwicklung von Kurorten. Kurorte sind prinzipiell planbar; in Ländern mit diesbezüglichen territorialen und ökonomischen Möglichkeiten, wie z. B. der Sowjetunion, werden solche medizinischen Einrichtungen an Orten mit erschließbaren natürlichen Heilmitteln und günstigen bioklimatischen Bedingungen planmäßig entwickelt. Sicherlich ist gegebenenfalls eine derartige Neuschöpfung eines Kurzentrums die ökonomisch bessere Lösung gegenüber den ständigen Rekonstruktionsnotwendigkeiten der historisch gewachsenen Kureinrichtungen mit ihrer meist doch unzulänglichen Gesamtsituation. Diese wird erst dann richtig offenbar, wenn man die vier Grundforderungen bedenkt, die an eine Kureinrichtung gestellt werden müssen, wenn sie medizinisch und ökonomisch gleichermaßen rentabel sein soll. Diese Grundforderungen sind

- Absicherung einer fachklinischen korrekten Kurorttherapie in ihrer zeitlich optimalen Position im Gesamtheilplan
- Absicherung der gezielten Komplextherapie
- Ganzjährige Nutzung der Kureinrichtung
- Absicherung einer aktiven Therapie und Erholung einschließlich der Gesundheitserziehung und der Subsistenztherapie.

Das Gewicht und der Umfang eines solchen 4-Punkte-Programms sind leicht auszurechnen — ich erinnere nur beispielhaft an das Problem der Gymnastik- und Schwimmhallen, der Terrainkurmöglichkeiten und der lokalen Klimatherapie in fast allen unseren Kurorten —, ohne seine Realisierung aber bleiben wichtige reale Potenzen der Kurorttherapie ungenutzt.

In diesem Zusammenhang ist auch an die territoriale Ausdehnung und die Flächenrelation zu erinnern, die im Kurort gewahrt sein muß, wenn er seine Funktion ausreichend erfüllen will, d. h. Flächen für Unterbringung und Betreuung, für Freizeit und Erholung, für aktive Therapie und bioklimatische Therapie, zusätzlich aber auch Flächen für den Schutz der Heilfaktoren.

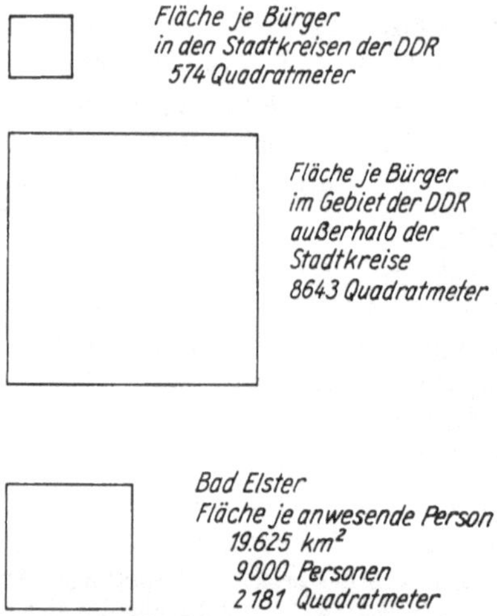

Abb. 7. Flächenvergleich pro Bürger der Republik in Stadtkreisen, außerhalb der Stadtkreise und im Kurort Bad Elster (unter Benutzung des Statistischen Jahrbuches der DDR 1973)

Ein Beispiel zur Situation zeigt die Abbildung 7 mit einem Vergleich der Fläche, die einem Bürger in den Stadtkreisen, außerhalb derselben und im Kurort Bad Elster zur Verfügung steht.

Eingeschlossen in diese Fläche sind die Schutzzonen für die Mineralwässer Bad Elster, für sein balneoarchitektonisches, geopsychisches und bioklimatisches Kurmilieu und für den äußeren Kurbereich, der den Kurpatienten als Wanderraum zur Verfügung steht, wie dies Abbildung 8 zeigt. Aus dieser Darstellung erkennt man gleichzeitig die Bedeutung des Waldes in seiner

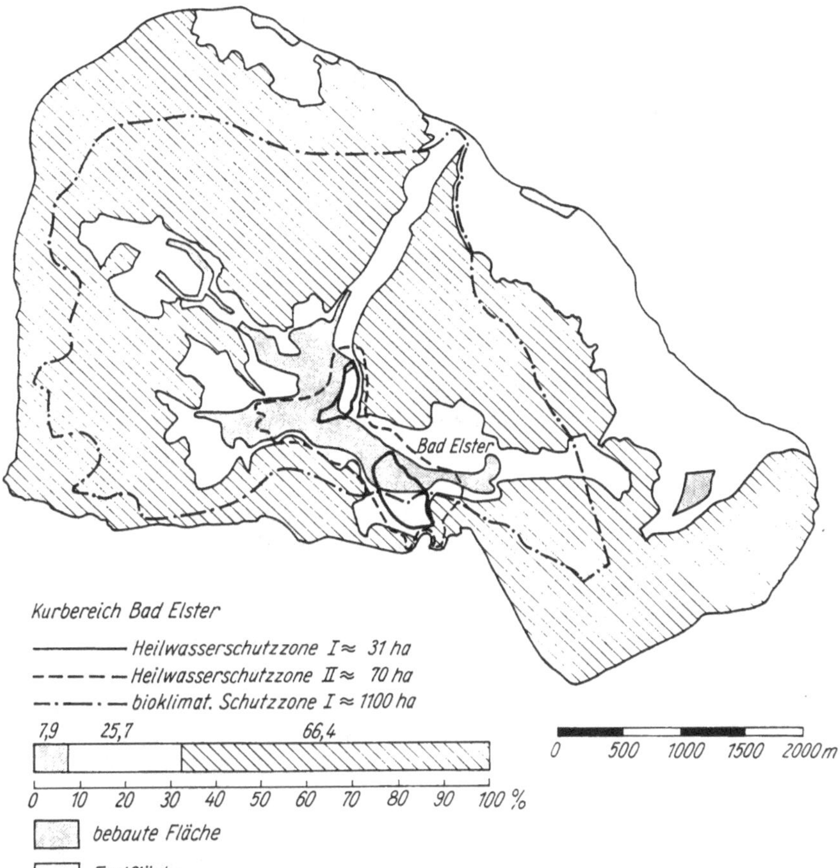

Abb. 8. Kurbereich und Schutzzonen für Heilwässer und Bioklima des Kurortes Bad Elster

Rolle als lokalklimatologischer Faktor, Schattenspender, Lärm- und Staubschutzelement, kurz bezüglich seiner Komitativeffekte wie man sie nennt [34], die es gegenüber z. B. forstwirtschaftlichen Nutzungsgesichtspunkten oft energisch zu verteidigen und zu erhalten gilt.

Kurorte sind unweigerlich Ballungsräume — nicht nur durch die Vielzahl der dort weilenden Kurpatienten selbst, sondern auch durch ihre allgemeine

Attraktivität für Touristen. Es ist durchaus ein Problem, hier die richtigen und vertretbaren Relationen zu finden, um durch den Ballungseffekt den Kureffekt nicht zu gefährden. Hier ist vordergründig, den Forderungen des Arztes Rechnung zu tragen.

Dabei ist der Kurort auch als „psychischer Ballungsraum" zu verstehen — es gibt durchaus jene „psychologia balnearia", von der HERMANN HESSE so anschaulich in seinem „Kurgast" [10] erzählt — die zwar „... eines der großen Geheimnisse und Zaubermittel aller Kurorte" sein kann: „... die Leidensgenossenschaft, das socios habere malorum", die aber auch eine unerwünschte und negative Atmosphäre heraufbeschwören kann. Krankheit und Kranksein können im Kurort zum dominierenden Gesprächsthema derer werden, die Heilung suchen — nicht immer zum Nutzen des Kranken und zumeist erst recht nicht im Interesse des Arztes. Auch kann die Kurorttherapie zu einer passiven Grundeinstellung des Kranken verleiten, mit dem „etwas geschieht", der „behandelt" wird. Beidem muß eine bewußt gestaltete aktive Therapie und Gesundheitserziehung im adäquaten Milieu entgegensteuern. Des weiteren ist der Tatbestand der fortschreitenden Urbanisation der Kurorte ein in allen Ländern erkanntes Problem geworden; die ständige Forderung nach Verbesserung des Komforts, der Sauberkeit, des gastronomischen Niveaus u. ä. hat diesbezügliche Konsequenzen. Nicht zuletzt ist die Ansiedelungstendenz in und um den Kurort nach wie vor spürbar; das Zersiedelungs- und Anrainerproblem führt nicht selten zur erheblichen Beeinträchtigung des medizinischen Nutzraumes, von der ästhetischen Problematik, die hiermit verbunden ist, ganz zu schweigen. Auch für den unmittelbaren Kurmittelschutz ergeben sich dadurch konkrete Gefahren. Das Kurortstatut, zu dessen Ausarbeitung jeder Kurort verpflichtet ist, bietet in dieser Hinsicht eine gewisse gesetzliche Handhabe und stellt im Verein mit der erwähnten Kurortverordnung [39] und dem Landeskulturgesetz ein wichtiges Instrument zur Sicherung der Kurortbelange dar, wenn auch keineswegs voll ausreichenden Schutz.

III

Eine letzte Betrachtung gelte der Frage, wie die Kurorttherapie sozialmedizinisch beurteilt werden muß. Der gesellschaftliche ökonomische Aufwand für die Kurorttherapie ist nicht unerheblich — was ist zum gesellschaftlichen Gewinn zu sagen? Man pflegt derartige „cost-benefit"-Analysen gerne am Vergleich der Arbeitsausfallstage vor und zu bestimmten Zeiten nach einer Kur aufzuziehen, um auch ökonomisch konkrete Effektivitätskriterien zu haben. Mit derartigen Berechnungen läßt sich gegebenenfalls wirkungsvoll argumentieren. Wir haben, gleichzeitig mit polnischen Kollegen, vor vielen Jahren erstmals solche Kalkulationen aufgestellt, dabei aber auch die Probleme aufgedeckt, die sich einer wirklich stichhaltigen Überprüfung derartiger Zusammenhänge in den Weg stellen. Sie liegen darin, daß es zunächst nicht einfach ist, repräsentative Zahlen über den Arbeitsausfall mit detaillierten Angaben über denjenigen Anteil der Arbeitsunfähigkeit zu erhalten, der für das Krankheitsgeschehen repräsentativ ist, dessentwegen die Kurbehandlung durchgeführt worden ist. Ferner sind die betreffenden Häufigkeiten des Arbeitsausfalls vor der Kur ausgesprochen rechtsschief verteilt, wodurch statistische Berechnungen erschwert werden. Eine Häufigkeit der Krankmeldung wird ja zwangsläufig den Arzt veranlassen, eine Kurbehandlung in Erwägung zu ziehen. Die Arbeitsunfähigkeit ist außerdem stark saisonabhängig mit einem ausgesprochenen Minimum im Sommer und schließlich sind die Kurpatienten einer beobachteten Stichprobe als Auswahlmaterial mit entsprechenden biometrischen Konsequenzen charakterisiert. Nicht zuletzt ist selbstverständlich, daß ein eigenständiger epidemiologischer Trend der Arbeitsunfähigkeit vorhanden ist, der entweder auf spontane oder durch anderweitige Therapie bedingte Heilungsprozesse zurückzuführen ist. Selbst unter voller Berücksichtigung dieser Einwände aber zeigen bereinigte Berechnungen, daß z. B. bei Frauen eines chemischen Großbetriebes die durchschnittliche Arbeitsausfallszeit bis zu 24 Monaten nach einer Kur gegenüber 12 Monaten vor der Kur deutlich niedriger liegt (Abb. 9). Hierbei sind die jüngeren Altersgruppen gegenüber den älteren offenbar etwas begünstigt, d. h., die AU-Zeiten sind also mit dem Lebensalter gekoppelt. Ich hatte bereits auf die geriatrische Problematik im Zusammenhang mit den Kurreaktionen hingewiesen. Dabei sei auf das Phänomen des Anstieges der Arbeitsunfähigkeit bis zum Kurtermin hin aufmerksam gemacht, das die eben erwähnte rechtsschiefe Verteilung zeigt; hier spielt ein „Kurerwartungseffekt" sicherlich ebenso eine Rolle wie die richtige Entscheidung des Arztes zur Kurauswahl besonders indizierter Kranker. An der Signifikanz der erreichten Senkung der Arbeitsunfähigkeit in der Nachbeobachtungsperiode gegenüber dem Wert 12 Monate vor der Kur ist aber gar kein Zweifel.

Ordnet man die Arbeitsunfähigkeits-(AU-)Tage nach den der AU-Meldung zugrunde liegenden Diagnosen, so ergeben sich Gruppierungen, wie sie Tabelle 1 zeigt: Den stärksten Rückgang der AU zeigen funktionelle Krankheitsbilder und Arthrosen (Gruppe A), deren gute Beeinflußbarkeit durch eine Kurorttherapie bekannt ist. Es folgen entzündlich rheumatische und allergische Krankheitsbilder (und charakteristischerweise auch die Grippe)

Abb. 9. Arbeitsausfall wegen Krankheit vor und nach einem Kuraufenthalt. Angaben in Kalendertagen pro Patient und Monat (532 Frauen eines Chemiegroßbetriebes der DDR)

Tabelle 1

Arbeitsunfähigkeits-(AU)Tage von 1167 Kurpatienten eines Chemiegroßbetriebes der DDR vor und 24 Monate nach der Kur, geordnet nach den Diagnosengruppen der AU-Meldungen

	AU-Tage vor der Kur	AU-Tage 24 Monate nach d. Kur	%-Veränderung der AU
Gruppe A			
Funktionelle Magen-Darmerkrankungen	52	23	
Funktionelle Leber-Galle-Pankreas-E.	7	1	
Vegetative Dystonie	48	17	
Arthrosen	18	6	
	125	**47**	**– 62,4**
Gruppe B			
Entzündl. rheumat. E.	48	33	
Allergische E.	17	7	
Hauterkrankungen	22	13	
Herzkrankheiten	52	41	
Grippe	**212**	**155**	
	351	**249**	**– 29,1**
Gruppe C			
Bronchitis	27	27	
Durchfallserkrankung	23	25	
Chirurgische E.	63	82	
Nieren u. -steine	17	25	
HNO-Erkrankungen	**40**	**43**	
	170	**202**	**+ 18,8**
Total	646	498	– 23,0

sowie die ischämischen Herzerkrankungen, die auch zu den im Kurort erfolgreich behandelbaren Leiden zählen (Gruppe B). Keinen Rückgang, sondern sogar eine Zunahme (die natürlich zufällig ist) zeigen die übrigen Erkrankungsfälle der Gruppe C. Hierbei fällt die Bronchitis auf, die zwar eine hervorragende Indikation zur Kurorttherapie darstellt, aber deren Beeinflußbarkeit bei der nur jeweils kurzfristigen Herausnahme aus dem pathogenen

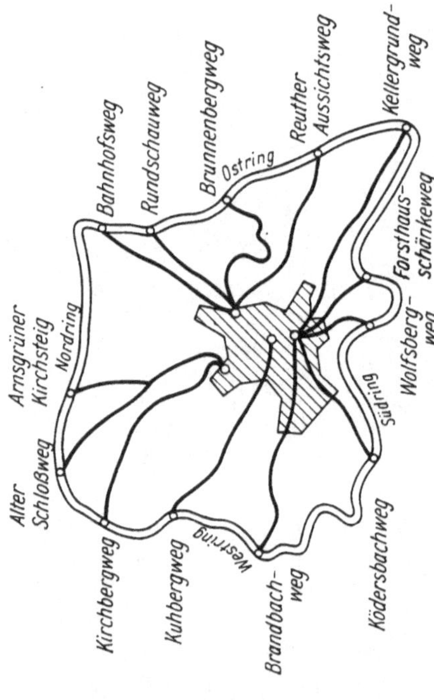

Abb. 10. Terrainkurwegesystem von Bad Elster. Teilstrecken nach Steigungsgrad, Sonne/Schatten-Relation und Wald-Freiland-Verhältnis (nach [41])

Erläuterungen zu obenstehender Abb. 10

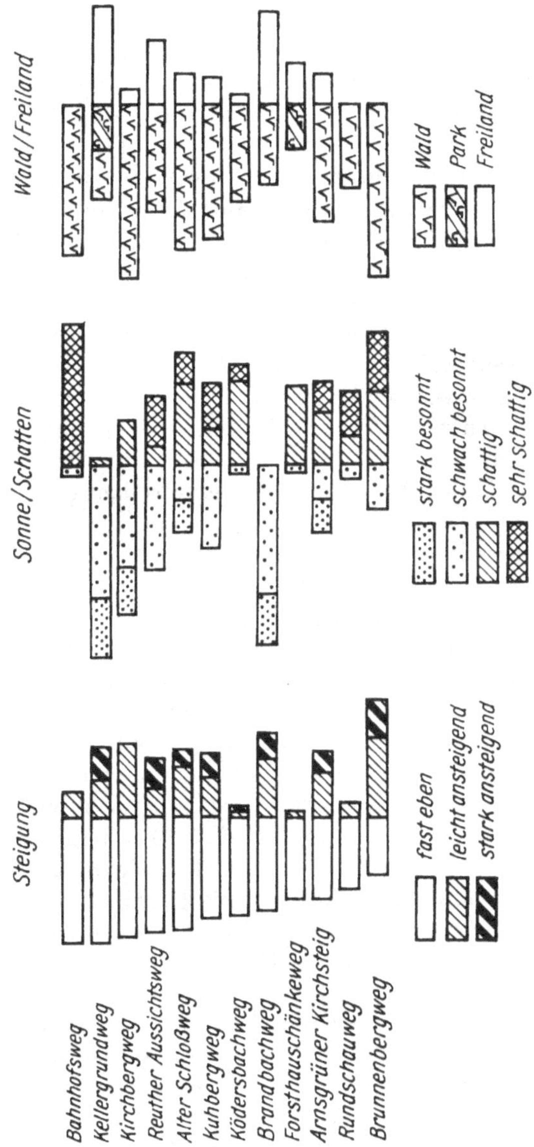

Milieu des Chemiebetriebes für eine Kur im Vergleich zu einer 24monatigen Beobachtungsdauer bezüglich der AU-Häufigkeit nur ungenügend ist. Hieraus können entsprechende betriebsärztliche Konsequenzen gezogen werden.

Wichtiger noch als der daraus möglicherweise ableitbare ökonomische Nutzeffekt einer Kurorttherapie ist aber der Nachweis, daß z. B. für diejenigen Betriebsangehörigen, die in der Vorperiode eine Kur durchführten, auch die Grippeerkrankungen gegenüber dem Gesamtdurchschnitt des Betriebes ganz auffällig niedriger liegen. Sowohl für die Anzahl der Grippefälle als auch für deren Dauer errechnen sich dabei verminderte Ausfallsquoten zwischen 40—50% [13]. Dies muß als überzufälliges Ergebnis herausgestellt werden — seine Erklärung mag wohl darin zu suchen sein, daß der Kurorttherapie, wie ich eingangs näher ausführte, unspezifisch stimulierende Effekte zuzuschreiben sind, denenzufolge auch eine verbesserte Toleranz gegen infektiöse Noxen resultiert — ein überraschendes erfreuliches Nebenprodukt der Kur! Wir glauben jedenfalls, hiermit einen Hinweis auf einen wirklichen unspezifischen Therapieeffekt zu haben, der bekanntermaßen sehr schwer zu erbringen ist.

Es ist keine Frage, daß auch in der Kurorttherapie rationalisiert werden kann und muß — nicht nur die ökonomische Überlegung fordert dies, sondern auch der Gedanke, den Kranken immer stärker in die aktive Therapie einzubeziehen. So müssen einmal personalaufwendige Technologien abgebaut werden — als Beispiel möchte ich die modernen Moorbäderanlagen erwähnen, die den früher üblichen Handbetrieb ohne qualitative Einbuße abgelöst haben. Desweiteren hilft die Gruppentherapie, den Einsatz des medizinischen Hilfspersonals zu verringern; in bestimmten Bereichen ist schon die Form der „Selbstbedienungstherapie" möglich geworden: etwa in Form der exakt ausgeschilderten und illustrierten Terrainkur, der sogenannten „Gesundheitspiste", oder von Kleinsportanlagen, die nach ärztlichem Rat genutzt werden. So gibt die Abbildung 10 das Terrainkurwegesystem von Bad Elster wieder, dessen Teilstrecken nach Steigungsgrad, Sonne/Schatten-Relation und Wald/Freiland-Verhältnis geordnet und so zielstrebig verordnet werden können (nach [41]). Zusätzlich können noch Anschauungstafeln mit Hinweisen für körperliche Übungen oder Pausen angebracht werden.

Mit solchen Maßnahmen wird zugleich die Verantwortlichkeit des Patienten für seine Gesundung stärker gefordert; ein wichtiges Teilziel der ärztlichen Behandlung, zu dem die Physiotherapie aus ihrem Grundsatzdenken heraus besonders aufrufen möchte. Ich zitiere hier einen Ausspruch des Pariser Klinikers KOURILSKY: „Der Kranke ist nicht mehr unser Objekt, sondern unser Mitarbeiter" [26]!

IV

Die mancherorts schon erschreckenden Einsichten in die Phänomenologie unseres technophilen Zeitalters lassen die Einflußsphäre der Umwelt auf die Pathokinese und Pathogenese immer deutlicher werden und präzisieren damit auch die Rolle der Gesellschaft als die wie es einmal formuliert wurde, „dritte Dimension in der Theorie der Medizin“ [31], der es obliegt, sich nicht nur vor diesen Einflüssen zu schützen, sondern auch die Möglichkeiten der Umwelt zu nützen, im Sinne der Präventive und der Therapie wirksam zu werden. Die Erkenntnis dieser Aufgabe der Medizin veranlaßte VIRCHOW 1847 zu der Formulierung, die Medizin sei ihrem innersten Kern nach eine „soziale Wissenschaft“ [40] — dieses Ethos und nicht das Bekenntnis zum Dienstleistungscharakter der Medizin ist die ideelle Basis für den gesellschaftlichen Auftrag der Heilkunde, die alles Wissen und alle Kunst aufwenden muß, diesem gerecht zu werden. In einem gleichen Sinne ist aber die Medizin prinzipiell zu einer interdisziplinären Forschung und Praxis gezwungen, wie sich am Beispiel der Kurorttherapie leicht anschaulich machen läßt, für deren wissenschaftliches Fundament der Geologe, der Chemiker, der Biologe, der Forst- und Landwirt, der Soziologe, der Klimatologe und Techniker und der Ökonom nach ärztlicher Zielsetzung zusammenarbeiten müssen. Es darf aber nicht unausgesprochen bleiben, daß selbst im eigenen Bereich der Medizin noch mancherorts das Bewußtsein gegenüber der Natur und das Wissen um deren medizinische Möglichkeiten vertieft werden muß, wenn nicht ein respektabler Heilschatz unausgeschöpft bleiben soll. Dessen ganzheitlicher Aspekt ist besonders deshalb in Rechnung zu stellen, weil die zivilisatorisch-technische Gegenwart und sicher auch Zukunft wesentlich zur funktionellen Ganzheit des Menschen unabdingbare Leistungen desselben unter- oder überfordern wird und ihnen damit einen echten Krankheitswert zukommen läßt. Funktionell ein „Ganzes“ zu sein, ist sicherlich der Wunsch jedes Menschen — etymologisch bedeutet ja „heilen“ ursprünglich „wieder-ein-Ganzes-machen“. Das deutsche Wort „heil“ bedeutet — wie „whole“ im Englischen — „ganz“: daran sei erinnert. „Heilenwollen“ verlangt daher, sowohl die pathische als auch die zeitliche Ganzheit des Krankheitsprozesses richtig abzuschätzen und entsprechende umfassende Therapiepläne zu konzipieren. Alle geschädigten Strukturen und Funktionen müssen auf längere Frist hin mit einem Minimum an Nebenwirkungen im Therapiegeschehen — eine heutzutage sehr wichtige und berechtigte Forderung — erfaßt werden, wenn wirkliches „Wieder-Heil-Sein“ erreicht werden soll. Und dazu bietet gerade die Physiotherapie, und, wie ich hoffe, gezeigt zu haben, in ihr auch die Kurorttherapie, beste Voraussetzungen. Allerdings wissen wir auch, daß die „Ganzheit“ nicht gegenständlich und auch nicht definitiv erfaßbar ist — sie ist eine Idee im Sinne GOETHES, der in dieser Richtung einmal formulierte, daß „nur sämtliche Menschen die Natur erkennen und nur sämtliche Menschen das Menschliche zu leben vermögen“ [5]. So können wir letztlich die Ganzheit zwar nicht erfassen, aber sie kann die Idee unseres Handelns sein. GOETHE hätte die Beziehung von Kurorttherapie und Umwelt im Auge gehabt haben können, wenn er 1823 fordert: „Unsere ganze Aufmerksamkeit muß aber darauf gerichtet sein, der Natur ihr Verfahren abzulauschen, damit wir sie durch zwängende Vorschriften nicht widerspenstig machen, aber uns dagegen auch durch ihre Willkür nicht vom Zweck entfernen lassen“ [6].

LITERATUR

[1] BAJUSZ, E.: Über Balneo- und Klimareaktionen der Muskeln: Angaben zum Problem der organismischen Verteilungsregulation. Arch. phys. Ther. 7 (1955) 333–356

[2] BIJL, W. VON DER: Ann. Meteorol. 4 (1951) 183

[3] BÜRGER, M.: Altern und Krankheit. 4. Aufl., Leipzig: Thieme 1960

[4] GIBERT-QUERALTO, J.: Etat actuel du traitement de l'athérosclérose. Acta Cardiol. Angéiol. Int. 12 (1963) 51–55

[5] GOETHE, J. W. VON: Briefwechsel zwischen Schiller und Goethe. 3. Bd. d. COTTAschen Bibl. d. Weltlit., Stuttgart, Berlin: J. G. COTTAsche Buchhandl. Nachf., S. 86

[6] GOETHE, J. W. VON: Bildung und Umbildung organischer Naturen. Verfolg. G.'s Werke, 33. Teil, Naturwiss. Schr. Bd. 1, hrsg. v. R. Steiner, Berlin, Stuttgart: W. Spemann, S. 122

[7] GROTE, L. R.: Wege zum Verständnis der Naturheilkunde. Dresden, Leipzig: Steinkopff 1936

[8] GROTE, L. E., und A. BRAUCHLE: Gespräche über Schulmedizin und Naturheilkunde. Leipzig: Reclam 1935

[9] HELLPACH, W.: Geopsyche. 5. Aufl. Leipzig: Engelmann 1939

[10] HESSE, H.: Kurgast, In: Erzählungen, Bd. 7. Berlin, Weimar: Aufbau-Verlag 1970

[11] HILDEBRANDT, G.: Biologische Rhythmen und ihre Bedeutung für die Bäder- und Klimaheilkunde. In: Handb. d. Bäder- u. Klimaheilkunde. Hrsg. v. W. AMELUNG u. A. EVERS, Stuttgart: Schattauer 1962, S. 730

[12] JORDAN, H.: Kureffekt und Medikamentenwirkung. Z. ges. inn. Med. 19 (1964) 22–28

[13] JORDAN, H.: Heilkur und Arbeitsfähigkeit. Humanitas 12/1966

[14] JORDAN, H.: Entlastung und Belastung in Pathogenese und Hygiogenese: Ein Konzept der Physiotherapie. Diaita 13 (1967) 3–6

[15] JORDAN, H.: Ärztliche Anforderungen an den Charakter und die Gestaltung einer Erholungslandschaft. Arch. Naturschutz u. Landschaftsforsch. 10 (1970) 199–206

[16] JORDAN, H.: Landschaftserlebnis: Wesen und Wertung. Z. angew. Bäder- u. Klimaheilk. 17 (1970) 364–370

[17] JORDAN, H.: Kurverlauf und Kureffekt. Ergebnisse eines biometrisch-klinischen Arbeitskreises. Z. Physiother. 24 (1972) 267–302

[18] JORDAN, H.: Kurorttherapie. Jena: Fischer 1975

[19] JORDAN, H., und H. MÜNCH: Experimentelle Untersuchungen zum Studium von Therapieeffekten bei sog. „kombinierter Balneotherapie", 7. und letzte Mitt.; Fund. baln.-bioclim. 3 (1966) 223–229

[20] JORDAN, H., D. REINHOLD und H. WAGNER: Kritische Untersuchungen zur Ausgangswert-Endwert-Problematik von kardiologischen Meßgrößen unter dem Einfluß einer Bäderkur. Z. ges. inn. Med. 19 (1964) 897–901

[21] JORDAN, H., und H. WAGNER: Die Kurorttherapie unter geriatrischem Aspekt. Z. Altersforschung 28 (1974) 113–124

[22] KLINKER, L.: Zu Fragen der bioklimatischen Grundlagenforschung. Abhandl. d. Meteorolog. Dienstes der DDR. Berlin: Akademie-Verlag 1970

[23] KLINKER, L., S. KUNKEL, D. WEISS: Annual Variations of Diurnal Rhythms in Man. J. interdiscpl. Cycle Res. 3 (1972) 225–232

[24] KLINKER, L., H. ZENKER: Der Einfluß von Jahreszeit und Wetter auf den menschlichen Organismus (saisonale und interdiurne Variationen von Schlafstörungen). Z. Physiother. 24 (1972) 143–151

[25] KÖTSCHAU, K.: Landarzt 42 (1966) 1564–1569

[26] KOURILSKY, R.: Der Mensch und das Leben. Bd. 7, Leipzig, Jena, Berlin: Urania-Verlag 1963, S. 9

[27] LINSER, K., und H. KLEINSORGE: Die Hochseeklimakur. Leipzig: Barth 1969

[28] LÜHR, K.: Kureffekt und Kurerfolg. Vortrag Wiss. Gesellsch. Univ. Innsbruck, 23. 6. 1960

[29] NEERGARD, K. VON: Klima und Balneotherapie als unspezifische Immuntherapie. Ann. Schweiz. Gesellsch. Balneol. u. Bioklimatol. 37 (1946) 68–70

[30] OTT, V. R., H. D. HENTSCHEL, R. KELLER: Physikalische Medizin und Balneologie in der Rehabilitation nach Herzinfarkt. Schweiz. med. Wschr. 91 (1961) 673–679

[31] PAUL, B. D.: Medicine's third dimension. J. Nat. Med. Ass. 48 (1956) 323

[32] ROTHSCHUH, K.: Theorie des Organismus. Berlin, München: Urban & Schwarzenberg 1959

[33] SCHENK, E. G.: Sind Naturheilverfahren noch zeitgemäß? Physik. Med. u. Rehabil. 9 (1968) 319

[34] SCHLEGEL, G.: Sicherung und Nutzung der landeskulturellen und sozialen Leistungen der Waldgebiete um Kurorte und Sanatorien. Inaug.-Diss. d. TU Dresden, 1971

[35] SCHMIDT-KESSEN, W.: Allgemeine Balneotherapie. In: Handbuch der Bäder- u. Klimaheilkunde. Hrsg. v. W. AMELUNG und A. EVERS. Stuttgart: Schattauer, 1962

[36] SCHULTZ, J. H.: Der Kurpatient — psychotherapeutisch gesehen. Die Medizinische 1952, 1052–1055

[37] SEROWY, G., und L. KLINKER: Über Saisoneinflüsse auf die Morbidität sowie den Effekt und Erfolg von Klimakuren an der Ostsee beim endogenen Ekzem. Derm. Mschr. 153 (1967) 1233–1244
[38] SETSCHENOW, zit. n. K. M. BYKOW: Lehrbuch der Physiologie. Berlin: Volk und Gesundheit 1960
[39] Verordnung über Kurorte, Erholungsorte und natürliche Heilmittel – Kurortverordnung – v. 3. 8. 1967. GBL DDR II Nr. 88 v. 22. 9. 1967
[40] VIRCHOW, R.: Die medizinische Reform, Nr. 8 vom 25. 8. 1848
[41] WAGNER, H.: Einrichtung und Anlage eines Terrainkurwegesystems in Bad Elster. Arch. phys. Ther. 17 (1965) 357–363

*

Anschrift des Verfassers: OMR Prof. Dr. med. habil. H. JORDAN, Forschungsinstitut für Balneologie und Kurortwissenschaft, 9933 Bad Elster, Karl-Marx-Str.5

SITZUNGSBERICHTE DER SÄCHSISCHEN AKADEMIE DER WISSENSCHAFTEN ZU LEIPZIG

MATHEMATISCH-NATURWISSENSCHAFTLICHE KLASSE

Band 107

Heft 1 Prof. Dr. OTT-HEINRICH KELLER, Die Homologiegruppen der Flächen 3. Ordnung
1965. 15 Seiten – 8° – M 2,30

Heft 2 Prof. Dr. FRANZ RUNGE, Grignard und die nach ihm benannte Synthese
1966. 17 Seiten – 3 Abbildungen – 8° – M 2,30

Heft 3 Prof. Dr. KARL SCHMALFUSS, Zur Kenntnis der Bodenbildung
1966. 13 Seiten – 4 Tabellen – 8° – M 1,40

Heft 4 Dr. BODO RENSCHUCH, Verallgemeinerungen des Bezoutschen Satzes
1966. 41 Seiten – 8° – M 4,50

Heft 5 Prof. Dr. med. ROLF EMMRICH, Realität und Theorie des Alterns
1966. 20 Seiten – 9 Abbildungen – 8° – M 2,60

Heft 6 Prof. Dr. WILHELM MAIER, Nichteuklidische Volumina
1967. 20 Seiten – 16 Abbildungen – 8° – M 2,80

Heft 7 Dr. LOTHAR VON WOLFERSDORF, Zur Berechnung optimaler Strategien für Spiele über dem Einheitsquadrat mit an der Hauptdiagonalen unstetigen Auszahlungsfunktionen
1968. 53 Seiten – 8° – M 5,70

Band 108

Heft 1 Prof. Dr. PAUL GÖRLICH / Dipl. Phys. DETLEF GÜLDNER / Dr. HANS-JOACHIM POHL, „Elektronische Spektralmessung“ mit steuerbaren Photovervielfachern
1967. 12 Seiten – 9 Abbildungen – 1 Tabelle – 8° – M 2,10

Heft 2 Prof. Dr. MANFRED GERSCH, Neuroendokrinologie der Insekten
1968. 33 Seiten – 12 Abbildungen – 1 Kunstdrucktafel – 8° – M 4,–

Heft 3 Prof. Dr. HASSO ESSBACH, Die Bedeutung der Morphologie in der Heilkunde
1968. 16 Seiten – 1 Textabb. – 13 Abb. auf 8 Kunstdrucktaf., davon 11 vierfarbig – 8° – M 12,80

Heft 4 Prof. Dr. OTT-HEINRICH KELLER, Über eine Definition von S. Lefschetz in der topologischen Schnitttheorie
1969. 29 Seiten – 1 Abb. – 8° – M 4,20

Heft 5 Prof. Dr. WOLFGANG TUTSCHKE, Das Reziprozitätstheorem für eine Klasse pseudoholomorpher Funktionen mehrerer komplexer Variabler
1969. 19 Seiten – 8° – M 3,30

Heft 6 Prof. Dr. WALTER BREDNOW, Von Lavater zu Darwin
1969. 31 Seiten – 14 Abbildungen im Anhang – 8° – M 5,50

Heft 7 Prof. Dr. FRANZ RUNGE, Organische Disulfimide in Wissenschaft und Technik
1970. 24 Seiten – 2 Abbildungen – 8° – M 3,60

Band 109

Heft 1 Prof. Dr. ERICH RAMMLER, Über die Theorien der Braunkohlenbrikettentstehung
1970. 38 Seiten – 13 Abb., davon 2 auf 2 Tafeln – 8° – M 4,–

Heft 2 Prof. Dr. WOLFGANG TUTSCHKE, Stammfunktionen komplexwertiger Funktionen
1970. 20 Seiten – 8° – M 3,70

Heft 3 Dr. habil. GÜNTHER EISENREICH, Zur Syzygientheorie und Theorie des inversen Systems perfekter Ideale und Vektormodule in Polynomringen und Stellenringen
1970. 88 Seiten – 8° – M 10,80

Heft 4 Prof. Dr. med. ROLF EMMRICH, Hochdruck und Hyperlipidämie (Hypercholesterinämie) als Risikofaktoren für die Entstehung der Arteriosklerosen
1971. 23 Seiten – 10 Abbildungen – 4 Tabellen – 8° – M 3,90

Heft 5 Prof. Dr. HANS DRISCHEL, Biologische Rhythmen
1972. 57 Seiten – 31 Abbildungen – 1 Tabelle – 8° – M 6,60 (*vergriffen*)

Heft 6 Prof. Dr.-Ing. Dr. h. c. KURT SCHWABE, Konzentrierte Elektrolytlösungen – Thermodynamische und kinetische Eigenschaften
1972. 49 Seiten – 27 Abbildungen – 2 Tabellen – 8° – M 7,50

Heft 7 Prof. Dr. WOLFGANG TUTSCHKE, Konstruktion von globalen Lösungen mit vorgeschriebenen Singularitäten bei partiellen komplexen Differentialgleichungssystemen
1972. 24 Seiten – 8° – M 4,50

Band 110

Heft 1 Prof. Dr. Dr. h. c. PAUL GÖRLICH, Über die Laser und ihre Anwendung
1972. 24 Seiten – 8° – M 2,30 (*vergriffen*)

Heft 2 Prof. Dr. HASSO ESSBACH, Zum Problem der Tumoren im Kindesalter
1972. 24 Seiten – 11 Abbildungen auf 10 Kunstdrucktafeln – 8° – M 6,–

Heft 3 Prof. Dr. med. WALTER BREDNOW, Zur Anthropologie des Schwindels
1973. 17 Seiten – 2 Abbildungen auf 2 Kunstdrucktafeln – 8° – M 2,50

Heft 4 Prof. Dr. Dr. h. c. PAUL GÖRLICH, Betrachtungen über den Wissenschaftlichen Gerätebau
1972. 39 Seiten – 8° – M 3,–

Heft 5 Prof. Dr. ERICH RAMMLER, Einige Betrachtungen über Erdgas
1974. 43 Seiten – 8 Abbildungen – 3 Tabellen – 8° – M 4,50

Heft 6 Prof. Dr. GUSTAV E. R. SCHULZE, Zur Rolle des Einfachheitsprinzips im physikalischen Weltbild
1974. 23 Seiten – 4 Abbildungen – 8° – M 2,50

Heft 7 Prof. Dr. med. ROLF EMMRICH, Zwischen Leben und Tod. Ärztliche Probleme der Thanatologie
1974. 22 Seiten – 2 Abbildungen – 4 Tabellen – 8° – M 3,50

Band 111

Heft 1 Prof. Dr. WILHELM MAIER, Vom Erbe Bernhard Riemanns 1975. 16 Seiten – 8° – M 2,50

Heft 2 Prof. Dr. med. HANS DRISCHEL, Organismus und geophysikalische Umwelt
1975. 50 Seiten – 25 Abbildungen – 1 Tabelle – 8° – M 7,–

Heft 3 Prof. Dr. MARIA HASSE, Zum Begriff des allgemeinen Produkts von Kategorien
1975. 32 Seiten – 8° – M 5,–

Heft 4 Prof. Dr.-Ing. Dr. h. c. KURT SCHWABE, Analytische Probleme des Umweltschutzes
1975. 28 Seiten – 9 Abbildungen – 2 Tabellen – 8° – M 3,50

Heft 5 Prof. Dr. WOLFGANG BUCHHEIM, Die kopernikanische Wende und die Gravitation
1975. 36 Seiten – 2 Farbtafeln – 8° – M 5,–

Heft 6 Prof. Dr. HERMANN BERG, Photopolarographie und Photodynamie
1975. 19 Seiten – 2 Abbildungen – 2 Tabellen – 8° – M 3,–

Heft 7 Prof. Dr. MANFRED GERSCH, Probleme der Insektizide aus heutiger Sicht
1975. 36 Seiten – 9 Abbildungen – 2 Tabellen – 8° – M 4,–

Band 112

Heft 1 Prof. Dr. WALTER BREDNOW, Spiegel, Doppelspiegel und Spiegelungen – eine „wunderliche Symbolik“ Goethes 1975. 28 Seiten – 4 Abbildungen – 8° – M 3,–

Heft 2 Prof. Dr. ARTUR LÖSCHE, Über negative absolute Temperaturen
1976. 26 Seiten – 12 Abbildungen – 8° – M 4,–

Heft 3 Prof. Dr. med. HERBERT JORDAN, Kurorttherapie: Prinzip und Probleme (*Vorliegendes Heft*)

Einzel- oder Fortsetzungsbestellungen durch eine Buchhandlung erbeten

Sitzungsberichte bis Band 106
durch das Zentralantiquariat der Deutschen Demokratischen Republik, Leipzig,
ab Band 107 durch den Akademie-Verlag, Berlin, zum Teil noch lieferbar

AKADEMIE-VERLAG
DDR-108 Berlin, Leipziger Str. 3–4

FSC
www.fsc.org
MIX
Papier | Fördert
gute Waldnutzung
FSC® C083411

Zeitfracht Medien GmbH
Ferdinand-Jühlke-Straße 7
99095 Erfurt, Deutschland
produktsicherheit@kolibri360.de